天生的美人——珍珠

—— 欧阳朝霞讲珍珠 ——

·天生的美人——珍珠·

　　珍珠是天生的美人，是人类最早发现和使用的珠宝，无须琢磨、天生丽质的珍珠在先民面前是如此惊艳。珍珠拥有悠久、深厚的历史文化背景和美丽的传奇故事。

一、西方人眼中的珍珠

　　珍珠的英文名称为 Pearl，是由拉丁文 Pernulo 演化而来的。它的另一个名字是 Margarite，则由古代波斯梵语衍生而来，意为"大海之子"。

　　珍珠一直以来都是皇室贵族的专属品，17 世纪之前，珍珠一直引领着全球的时尚潮流，有着至高的地位。珍珠代表着高贵、富足、智慧、典雅。有别于钻石的艳丽，散发着与众不同的、脱俗的气质光华。珍珠在欧洲更加珍

南洋珍珠耳饰（御木本提供）

贵，因为珍珠大多来源于欧洲大陆之外，只有王室才有资格享用。中世纪之前的珠宝配搭理念中，皇室经常用钻石、红蓝宝石配珍珠，皇冠上的重要珠宝通常是珍珠。1530 年之后，欧洲开始了所谓的珍珠时代，许多国家开始珍珠立法。1612 年，英国王室就立法规定：除王室外，一般贵族、专家、学者、博士及其夫人不得穿戴镶有珍珠的服饰、首饰。当年的伊丽莎白一世，就是珍珠的疯狂爱好者，买珍珠是一蒲式耳一蒲式耳（计量单位）地购买，上行下效，以至于当时珍珠的价格直线上升。在伊丽莎白一世的画像上，人们可以看到当时珍珠使用的盛况，女王头部、耳部、衣服上缀满珍珠，极尽奢华。

在印度巴罗达市的 Gaek War 宝库中有一条镶着 100 排珍珠的饰带，有七条珍珠串价值达百万美元，另外镶有上千粒珍珠的盒子和一条珍珠地毯，估计高达百万美元。

来自宗教方面的历史也证明了珍珠的无上地位。《圣经》的开篇《创世纪》中记载：从伊甸园流出的比逊河，在那里有珍珠和玛瑙。基督教《启示录》第21章对耶路撒冷的描述中，圣城"十二个门是十二颗珍珠，每个门是一颗珍珠……

英国女王伊丽莎白一世的画像

持续的滥捕滥采导致全球的天然珍珠资源匮乏，而那时人工养殖珍珠还未开始。从17世纪开始，珍珠的王者地位逐渐被钻石替代。欧洲的贵族逐渐开始使用钻石取代珍珠，这段时间就是人们常说的珍珠的黑暗时代。

现在珍珠依旧是王室重要的珠宝，已故英王太后（英女王伊丽莎白二世的母亲）每每出席正式场合总是佩戴一对珍珠耳环，颈间搭配一条三串珍珠，胸前佩戴的胸针却总是在变换，唯有珍珠是不变的主题。

作为一个手握大权的女强人，撒切尔夫人一方面要维持坚强、无所畏惧的形象，一方面也希望不失得体、优雅的时尚风格。所以珍珠成了她最好的饰品，经典隽永，低调华丽。至于对珍珠的喜爱，她更是毫不掩饰，无论是日常着装还是晚宴礼服，一至三串的珍珠项链从未离开过她的颈间。她曾在采访中提到："珍珠能提亮肤色，让人有光彩。你若仔细观察那些穿戴整洁漂亮的女孩子，就会发现珍珠的重要性。一件普通的衣服配上珍珠，就能显得气度不凡。"

"对珠宝的记忆总让那些曾经的爱和幸福清晰浮现。"伊丽莎白·泰勒对珠宝的热爱贯穿一生，珠宝与爱情的相互交融成就了她的传奇。"我愿将我的珍藏与更多人分享，这样她们就能知晓我的喜悦与激动，享受这些天然

1576 年哈布斯堡王朝神圣罗马帝国皇帝鲁道
夫二世皇冠，1804 年成为奥地利的皇冠

伊丽莎白·泰勒和传奇珍珠项链
La Peregrina Pearl

珍品曾带给我的纯粹幸福。"按照伊丽莎白·泰勒的遗愿，她的部分珠宝通过拍卖捐给慈善事业，2011 年 12 月 13 日、14 日佳士得拍卖场上，200 多件珠宝以 1.159 亿美元的创纪录天价成交，远远超过之前的 3000 万美元的估价，其中估价 200 万~300 万美元的传奇珍珠项链（La Peregrina Pearl）以 1184.25 万美元的高价成交。这件珍珠项链的成交同时打破了两项世界纪录。

作为具有历史意义的古董珍珠，La Peregrina Pearl 打破了摄政王珍珠（La Regente）在 2005 年日内瓦拍卖会上创造的 250 万美元的拍卖纪录；作为珍珠类珠宝，La Peregrina Pearl 打破了巴洛达珍珠（The Baroda Pearls）在 2007 年纽约拍卖会上创造的 700 万美元的纪录。

法国的安东里·德阿里奥夫人，曾在《优雅》一书中说过："世间所有首饰中，与各种服装最相配的、每个女人衣橱中不可缺少的配饰，就是一串珍珠项链，这是最理想的首饰，每个女人都应该拥有一串珍珠项链。"

二、中国人眼中的珍珠

珍珠文化源远流长，在中华文明 5000 多年的历史长河中，有珍珠记载的历史达 4000 多年，是史上最早使用珍珠的国度。先民们在河流旁寻找食物时，无意中发现河蚌中美丽的珍珠，先民们在打开蚌壳的那一瞬即打开了一部经久不衰、历久弥新的珍珠史诗。在东方，4000 多年前的夏代大禹时期，珍珠就是天子的专用珠宝，所谓的远古稀世两珍宝 "隋侯之珠" "和氏之璧"，其中一件就是指珍珠。《韩非子》记载："和氏之璧，不饰以五采；隋侯之珠，不饰以银黄，其质至美，物不足以饰之。"《吕氏春秋》中也用 "隋珠弹雀" 比喻大材小用，可见隋侯之珠在古代流传甚广。在素有 "淡水珍珠之乡" 的诸暨还流传着："尝母浴帛于溪，明珠射体而孕"，这就是中国四大美女之首西施的传奇出身，两千多年来，美丽的西施作为珍珠的化身，给人们带来了无限的遐想。

中国还有大量的关于珍珠的成语：珠联璧合、翠围珠绕、字字珠玑、珠圆玉润、米珠薪桂、贝阙珠宫、明珠暗投、沧海遗珠等，珍珠文化深深地渗透到了中华文明中。

中国古代，帝王专用的冠冕服饰、车乘仪仗等，多用珍珠装饰。历代皇帝祭祀大典所戴的"冕"，前后各有 12 条珠串，称为"冕旒"，在很多朝代冕旒只能用珍珠串成。从秦朝起，珍珠已成为朝廷达官贵人的奢侈品，皇帝已开始接受献珠，东汉桂阳太守文砻向汉顺帝"献珠求媚"；西汉的皇族诸侯广泛使用珍珠，珍珠成为尊贵的象征。《后汉书》记载：孝明皇帝车上的垂帘是用珍珠串成，皇帝冕旒全是珍珠串成。皇太后、皇后等拜谒太庙时穿的礼服都缀有珍珠。各朝各代对珍珠多有记载，非富即贵，不一一赘述。

明万历皇帝乌纱翼善冠

但值得一提的是孙权的珍珠政策和珍珠外交。三国之初，曹操占据江北，刘备称帝于蜀，孙权稳坐江东，成三足鼎立之势。当时生产淡水珍珠的吴越一

明万历孝端皇后凤冠

带和采捕海水珍珠的南海等地，均为东吴属地。孙权深知魏蜀都垂涎东吴的珍珠，即位之时，就下令严加保护。孙权不但要求王室禁用珍珠，还封存了民间的珍珠采捕和交易，这一政策为孙权的珍珠外交提供了物质可能。权衡天下形势，孙权很快确立了"远交近攻，讨好曹魏，对付蜀汉"的权宜之计。于是，当曹丕使臣前来索取霍头香、大具、珍珠等东吴特产时，孙权一概力排众议，统统满足对方要求。后来，曹魏又遣使南下，与东吴洽谈以北方战马换取南方珍珠事宜，孙权更是求之不得："（珠宝）皆孤所不用，何苦不听其交易。"从此，魏吴贸易日盛。珍珠外交，反映了孙权不贪恋珠宝，不贪图享受，为东吴赢得了难得的和平发展机遇。

到了清朝，清代《大清会典》记载：皇帝的朝冠上有 22 颗大东珠，皇帝、皇后、皇太后、皇贵妃及妃嫔以至文官五品、武官四品以上官员皆可穿朝服、戴朝珠，只有皇帝、皇后、皇太后才能佩戴东珠朝珠。东珠朝珠由 108 颗东珠串成，体现封建社会最高统治者的尊贵形象。

2010 年春季，香港苏富比拍卖了一盘 18 世纪御制东珠朝珠，最后成交价 6786 万港元，刷新了御制珠宝拍卖的世界纪录，震惊艺术品拍卖市场。

这盘御制东珠朝珠，以清朝皇族祖地东三省流域的珍贵淡水珍珠串连而成，颗颗洁白、硕大、圆润，代表着至上皇权。对比现藏北京故宫博物院的清《雍正朝服像》画中，雍正皇帝佩戴的朝珠与此拍卖朝珠几乎一样，因此很多人猜测二者可能为同一朝珠。如果可以考证，此朝珠实为旷世珍品。如此高规格的东珠朝珠除北京故宫博物院外，迄今为止还未见其他公开收藏。

清代雍正朝服图

在中国近代史上，慈禧太后和珍珠有着非常深厚的渊源。慈禧酷爱珍珠，到了无与伦比、无以覆加的地步，可用四个字来总结，即"吃、戴、穿、盖"。衣冠和生活用品均以名贵珍珠镶缀：朝冠、朝珠、手串、珍珠帐、珍珠帘、珍珠寿字旗袍、珍珠披肩等；把上等珍珠作

清皇贵妃冬朝冠（台北故宫藏）

为美容佳品，定期服用珍珠粉来延缓衰老、养颜驻容；就连她死后，也要把大量的珠宝带走，用数不清的珍珠和奇珍异宝陪葬，有文物考古专家计算过，光是慈禧尸体上的穿戴和铺盖上缀的、镶的珍珠，就多达 23540 颗，如此多的珍宝引起了孙殿英的贪念，才引来盗墓悲剧。

宋美龄与珍珠最有名的故事也和慈禧太后有关联，孙殿英盗东陵将慈禧墓葬珍宝洗劫一空，事发后害怕受到处罚，得知宋美龄非常喜爱珠宝，就送了一批给她。溥仪写的《我的前半生》一书中有记载：孙殿英给蒋介石的新婚夫人送了一批珠宝。结果慈禧凤冠上的珠子成了宋美龄鞋上的饰物。据报道，宋美龄出使美国白宫做客时，曾展现过她鞋子上的珍珠。

慈禧太后

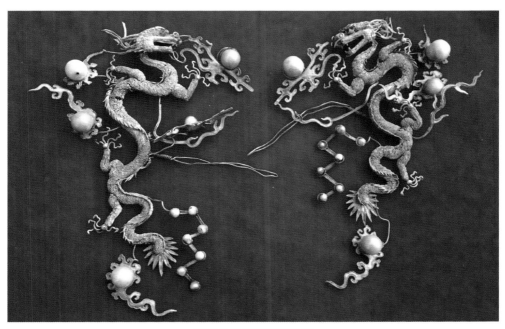

清代金累丝嵌珍珠饰物

第二章

珍珠的宝石学性质

—— 欧阳朝霞讲珍珠 ——

珍珠的宝石学性质

一、珍珠在珠宝玉石中的归属

珍珠在珠宝玉石的大家庭中，属于有机宝石。所谓有机宝石是指古代生物或现代生物作用，所形成的有工艺价值的有机矿物或有机岩石。有机宝石主要包括珍珠、琥珀、象牙、珊瑚、煤精、硅化木、玳瑁、砗磲、盔犀鸟头部等。珍珠是非常重要的有机宝石，也是世界名贵珠宝行列中唯一的有机宝石。珍珠与钻石、红宝石、蓝宝石、祖母绿、金绿猫眼一起被冠以"五皇一后"的美誉，珍珠因为高雅柔美的气质被称为"珠宝皇后"。其实光从"珠宝玉石"这个名字就能发现珍珠在珠宝玉石中的重要地位，因为"珠"排在第一位！

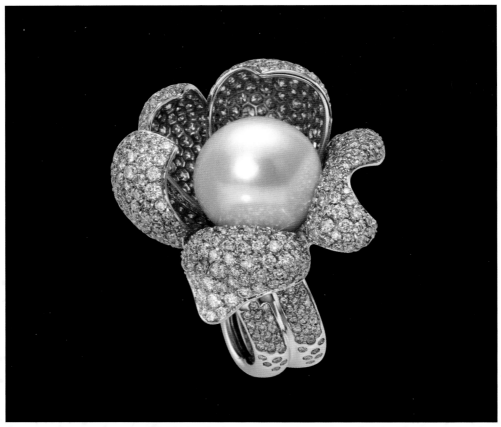

白色珍珠戒指（Hodel switzerland 提供）

二、珍珠的宝石学性质

1. 珍珠的定义

珍珠属于有机宝石，与现代生物的生命活动有关。无论天然珍珠还是养殖珍珠都是贝类或蚌类等动物体内珍珠质的形成物，成分也基本相同，由碳酸钙、有机质和水等组成，都具备同心层状或同心层放射状结构。天然珍珠和养殖珍珠唯一的区别是：天然珍珠是不经人为因素自然的分泌物，是天然形成的；而养殖珍珠按照天然珍珠的成因人为启动珍珠形成过程，不论是植核（珠核）还是植片（外套膜小片），人工干预只是为了开始这一过程。因此天然珍珠和养殖珍珠都是真正意义上的珍珠。

2. 珍珠的成分

珍珠除含无机成分外，还含有少量的有机成分和水，不同种类的母贝所养殖的珍珠，化学成分的含量有些许差异。其中无机成分的质量分数占91%~96%，主要是碳酸钙（文石和方解石，其中文石为主，方解石少量），此外还含有10多种微量元素，微量元素对珍珠的品质及颜色会带来影响。珍珠的有机成分主体是壳角蛋白（多种氨基酸）和各种有机色素，有机成分的质量分数占 3.5%~7%，有机色素也是影响珍珠颜色的重要因素。水的质量分子数占 0.25%~2%。

3. 珍珠的结构和表面特征

珍珠具有同心环状结构。养殖珍珠的内部结构由珍珠核和珍珠层构成，珠核通常是用珍珠蚌外壳做成的，因此，仍保留有外壳生长过程中的平行纹构造，珍珠层呈同心圆圈状绕珍珠核生长，珍珠层为一些微米厚的同心圆层堆积而成。淡水无核珍珠几乎全部由珍珠层构成。天然珍珠基本无核或微核，几乎全部是珍珠层。

在完美状态下，这种层状的堆积应该是完整的、均匀的和紧密的，因此

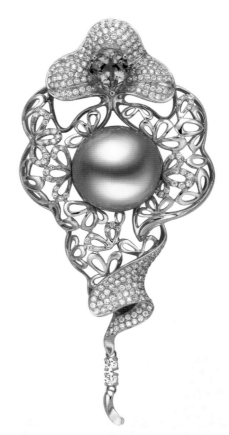

金色珍珠项坠（丰沛提供）

珍珠的表面应该是干净的、光滑的，但由于受环境、贝蚌的健康等因素的影响，珍珠表面经常会出现沟纹、瘤刺等瑕疵。无论是天然珍珠还是养殖珍珠，其表面的珍珠层最外部具有碳酸钙结晶薄层边线痕迹，在宝石显微镜、扫描电镜中可呈现各种形态的花纹，如旋涡状、花边状、平行较规则或者不规则的生长纹理线，仿制珠则无，这个特征对于判断珍珠真伪具有典型意义。

4. 珍珠的主要物理性质

（1）颜色

珍珠的颜色是其体色、伴色和晕彩综合的反映。珍珠的体色就是珍珠本体颜色；伴色是漂浮在珍珠表面的一种或几种颜色；晕彩是在珍珠表面或表面下层形成的可漂移的彩虹色。海水珠的体色有银白色、浅黄色、金黄色、蓝色、黑色以及各种过渡色；淡水珍珠主要有白色、黄色、紫色、粉色等，过渡色非常丰富。常见的伴色有白色、粉红色、绿色、紫色等。根据晕彩的强弱可分为：晕彩强、晕彩明显、有晕彩和无晕彩。在颜色描述时以体色描述为主，伴色和晕彩描述为辅。

各种颜色的淡水珍珠

（2）光泽

　　珍珠的美丽、高雅，很大程度上归功于光泽。珍珠的光泽虽然比不上钻石光芒璀璨，但它柔和、含蓄、高贵且自然天成。优质的珍珠具有很强的珍珠光泽并呈半透明，给人一种朦朦胧胧的美感，让人欲罢不能。珍珠光泽是由珍珠层之间对光的反射、折射所形成的，所以珍珠层越厚，层数越多，而且各珠层堆积紧密有序，表面光洁度越高，表现出来的光泽越强。

（3）硬度

珍珠的硬度不高，摩氏硬度为 2.5~4.5，通常优质珍珠的硬度高于劣质的珍珠。

各种颜色的海水珍珠

（4）韧性与弹性

珍珠具有良好的弹性，其弹性与珍珠层厚度、珍珠层形状相关。珍珠还有很强的韧性，尤其是无核珠，质量越好的珍珠韧性越强。

5. 珍珠的化学性质

珍珠的主要化学成分是碳酸钙，因此化学性质不稳定，对酸、碱的抵抗力很弱。珍珠也不耐热，加热会使珍珠中的水分流失，加热到一定程度会变脆、碎裂。珍珠被化妆品、汗液等腐蚀后，会变暗或失去光泽。此外，珍珠溶于丙酮、苯等有机溶剂。

~ 第三章 ~

珍珠的成因与养殖

—— 欧阳朝霞讲珍珠 ——

· 珍珠的成因与养殖 ·

人们常把珍珠的发展史分为三个阶段：成珠阶段、采珠阶段和养珠阶段。据地质学家考证，距今两亿年之前的三叠纪时代已有大量贝类开始繁衍。因此将两亿年前至一万年前的时代，称为珍珠自然形成的阶段；采珠阶段：距今一万年前至 18 世纪是采珠阶段，是人类发现、使用、采集珍珠的阶段，直到 18 世纪末天然珍珠资源过度开采濒临枯竭；养珠阶段：19 世纪后期至今是养珠阶段，开始于人类大规模养殖珍珠，经过 100 多年的发展，养殖技术日益精湛。

一、珍珠的成因

关于珍珠的成因，不同的国度有不同的说法和故事。

古罗马和古希腊神话中，珍珠的诞生和女神有密切关系。最著名的恐怕是维纳斯身上的水珠变成了珍珠。文艺复兴时期的意大利著名画家波提切利在他的作品《维纳斯的诞生》中将这一故事栩栩如生地表现出来，他笔下的维纳斯是足以让天下男人为之倾心的理想女性——柔美、温润、娇羞，也是珍珠的美丽化身。

在中国的古代传说和记载中，珍珠的形成多与月亮有关，或许因为一轮满月挂在天空默默洒下清辉，其形、其色、其辉与珍珠的表象都很相似，因此浪漫的中国人就把这二者联系起来，形成了充满东方韵味的文化，其中颇有天地合一的味道。明代宋应星的《天工开物》记载："凡珍珠必产于蚌腹，映月成胎，经年最久，乃为至宝。""凡蚌孕珠，即千仞水底，一逢圆月中天，即开甲仰照，取月精而成其魄。中秋月明，则老蚌犹喜甚。若彻晓无云，则随月东升西没，转侧其身而映照之。"《合浦县志》也有类似的记载："蚌蛤含月之光以成珠，珠者月之光所凝"，又说："蚌蛤食月之光，于腹以成珠。"《岭南见闻录》的记载是："蚌闻雷而孕，望月而胎珠。"

白色海水珍珠项链（丰沛提供）

然而也有不同的观点，梁代刘勰《文心雕龙》记载："蚌病成珠。"这说明先民对珍珠的成因已经有了较为科学的认识，而不仅仅停留在虚幻的层面。在这种科学认识的基础上，宋人始创了珍珠的培育方法，开创了人工育珠的先导，明代的佛像珍珠正是利用这项技术培育出来的。

1907 年，西川腾吉、见濑辰平发现珍珠是珍珠质分泌细胞陷入结缔组织中，形成珍珠囊分泌珍珠质而成，并利用此原理收获了正圆形的珍珠。

关于天然珍珠的形成说法很多，有各种不同见解，归纳起来主要为两个方面：

1. 外因说

由于外来物质，例如寄生虫、砂粒等落入贝壳和外套膜之间，外物带着一部分外套膜上皮细胞陷入结缔组织中，形成珍珠囊分泌珍珠质而形成珍珠。

2. 内因说

由于贝类患有类似肾结石之类的疾病、外套膜或其他组织病变或受到外力外物刺激，形成珍珠囊，分泌珍珠质形成珍珠。

虽然大家对珍珠成因的看法各有不同，但从以上成因可以得出一个共同的结论：珍珠是由外套膜的一部分细胞，在结缔组织内形成珍珠囊，珍珠囊分泌珍珠质而产生的。人工养殖珍珠，运用了天然珍珠的形成原理。人工无核珍珠是将一小片蚌或贝的外套膜组织植入另一只蚌或贝的外套膜内，经过变化后形成珍珠囊产生无核珍珠；人工有核珍珠是将一小片外套膜组织包裹蚌壳所制成的小球植入另一只蚌或贝的外套膜内，形成珍珠囊，分泌的珍珠质包裹小球成珠核，珍珠质沉积在珠核形成珍珠。

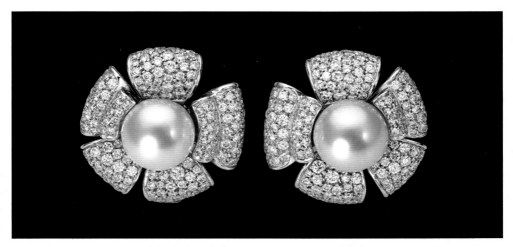

白色珍珠耳环（Hodel switzerland 提供）

二、珍珠的养殖

据考证，宋代，我国就开始了小规模的人工养殖珍珠。宋代神宗时期，庞文英在《文昌杂录》中写道："礼部侍郎谢公言：有一养珠法，以今所作假珠，择光莹圆润者，取稍大蚌蛤，以清水浸之，伺其口开，急以珠投之，频换清水，夜置月中。蚌蛤采月华，玩此经两秋，即成真珠矣。"此记述说明当时我国已开始生产人工养殖有核珍珠，养殖周期约为两年。

屈大均《广东新语》中对人工育珠也有记载："养珠者，以大蚌浸水盆中，而以蚌质车作圆珠，俟大蚌口开而投之，频易清水，乘夜置月中，大蚌采玩月华，数月即成真珠。是谓养珠。"

1925 年，法国人路易·布唐写了一本书，书名就叫《珍珠》。这本书中有如下记载："用软体动物生产珍珠，似乎是中国人比所有其他民族都走在了前面……"

1761 年，瑞典著名的分类学家林奈曾提出一套独特的河畔珍珠养殖方法，并得到了一颗有柄珍珠，这是国外人工育珠的最早记录。他将养殖成果献给国王却被国王拒绝，所以这次发现只是停留在实验室阶段，未能进入生产阶段。现在瑞典林奈博物馆中，存放着他当时研究出的人工有柄珍珠，距今有200多年，比中国发现人工养殖珍珠迟700年。

1888年，日本人御木本幸吉氏根据我国宋代河蚌养殖珍珠的形成原理，开始进行海水人工养殖珍珠的研究，1893年，御木本幸吉氏的妻子在检查珍珠贝时第一次发现珍珠，这是世界上第一颗在海水中人工养殖成功的珍珠。这颗珍珠是半圆珠，是我们现在所说的附壳珍珠。1907年，西川藤吉、见濑辰平发现珍珠是珍珠质分泌细胞陷入结缔组织中，形成珍珠囊分泌珍珠质而

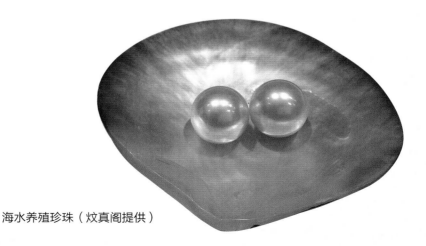

海水养殖珍珠（炊真阁提供）

成。西川藤吉利用蚌体外套膜小片包裹蚌壳做成的圆形小球植入到蚌体的生殖囊和消化囊组织中，两年后，正圆珍珠养殖成功了。后来御木本幸吉氏进行了大规模人工养殖珍珠事业，1908年他获得了日本政府颁发的第一份人工养殖珍珠的专利证明，为了奖励他的突出贡献，日本天皇亲自接见了他。由于他养殖海水珍珠的杰出成就，人们尊称他为"养珠之父"。

由于天然珍珠资源匮乏，天然珍珠罕有，目前市场上见到的珍珠基本全部都是养殖珍珠。养殖珍珠的形成过程和天然珍珠的一样，只是人为地启动了这一进程。根据GB/T16552-2010《珠宝玉石名称》国家标准，养殖珍珠在鉴定和销售时，直接使用"珍珠"来定名，不需要在前面加"养殖"二字。天然珍珠在鉴定和销售时，使用"天然珍珠"来定名，以示区别。珍珠的定名和其他宝玉石的定名不同，弄清楚这一点是非常重要的，因为天然和养殖的珍珠在品质差不多的情况下，价格却有着天壤之别。

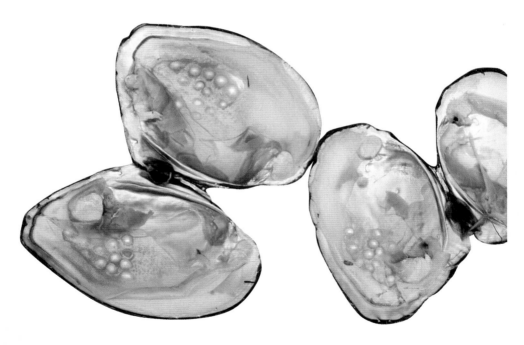

淡水养殖珍珠蚌

第四章

珍珠的分类和主要产地

欧阳朝霞讲珍珠

· 珍珠的分类和主要产地 ·

一、珍珠的分类

珍珠的分类可以按珍珠的形成原因、生长环境、产地、颜色、形状、大小和母贝种类等特征进行分类。国内常用的分类方法是按照成因和水域进行划分的综合分类。

按照成因分类：可分为天然珍珠和养殖珍珠。

1. 天然珍珠

在贝类或蚌类等动物体内，不经人为因素自然分泌形成的珍珠，产量极少。

天然珍珠

41

天然珍珠根据生长水域不同可划分为天然海水珍珠和天然淡水珍珠。

2. 养殖珍珠

是人工对贝类、蚌类实施植入外套膜小片或植入珠核，经过培育形成的珍珠。人工干预只是为了开始这一过程，不论是植核（珠核）的还是植片（外套膜小片）的。市场上销售的绝大多数珍珠都是养殖珍珠。

（1）根据生长水域不同可划分为海水养殖珍珠和淡水养殖珍珠。

海水养殖珍珠

淡水养殖珍珠

（2）根据有无珠核可划分为有核养殖珍珠和无核养殖珍珠。目前海水珍珠大部分是有核养殖珍珠，淡水珍珠大部分是无核养殖，淡水有核养殖也获得了成功。

有核养殖珍珠

无核养殖珍珠

43

（3）根据是否附壳可划分为游离型养殖珍珠和附壳型养殖珍珠。大部分珍珠是游离珍珠，即不与贝壳接触。市场上的马贝珠就是附壳珍珠的一种，由附壳珍珠加工而来。

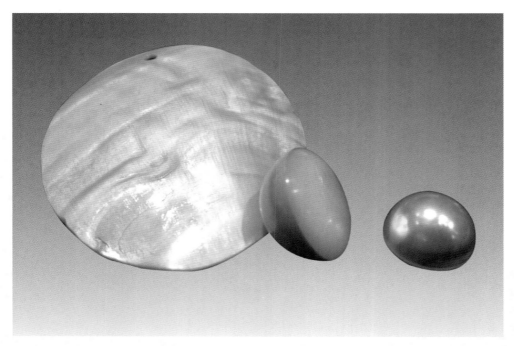

马贝珍珠

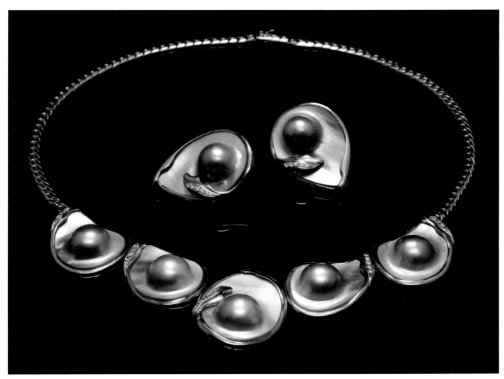

K金贝附珍珠项链

按照母贝种类分类：可分为贝壳珍珠、鲍贝珍珠和海螺珍珠。贝壳珍珠数量大、范围广，人们认知度高；鲍贝珍珠和海螺珍珠数量极少，很多人都不了解，而且后两者与前者在外观上有很大区别，按照严格的意义来划分，鲍贝珍珠和海螺珍珠不属于传统珍珠的范畴，虽然都是软体动物新陈代谢的产物，但鲍贝珍珠和海螺珍珠表面没有珍珠质。最近这几年市场上开始有小部分出现，多一些了解很有必要。

1. 贝壳珍珠

绝大多数的海水和淡水珍珠产于贝类和蚌类。海水珍珠贝主要有马氏贝、大珠母贝、黑蝶贝、金唇贝、银唇贝等。淡水珍珠贝主要有三角帆蚌、褶纹冠蚌、珠母珍珠蚌、背瘤丽蚌、池蝶蚌等。

黑蝶贝

大珠母贝

2. 鲍贝珍珠

也称鲍鱼珍珠，指鲍鱼体内形成的珍珠，它与鲍贝壳内侧珠母层一样，具有艳丽的色彩和明显的晕彩，多为绿、蓝、黄和粉红的组合。鲍鱼珍珠生长于鲍鱼壳内，由于鲍鱼壳是单个，所以鲍贝珍珠附着其上形状也多成扁圆形，有时会像一颗牙齿或是一只雪糕筒的形状。天然的鲍贝珍珠非常稀有。鲍鱼壳内侧就是嵌螺钿工艺的制作材料。鲍贝珍珠与人们常见的珍珠有明显的不同。

鲍贝珍珠

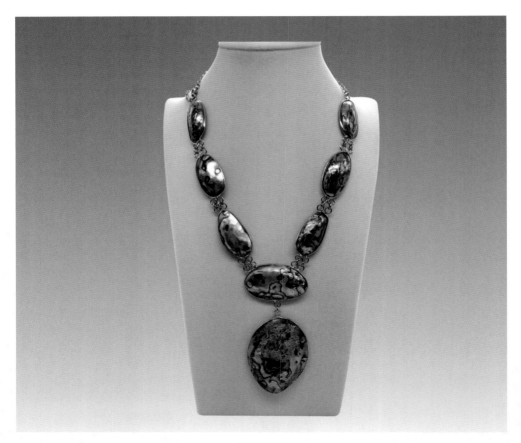

鲍贝项链

3. 海螺珍珠

在海螺中形成的珍珠，英文名为 Conch Pearl，所以也音译为孔克珠，产于中美洲、加勒比海的海域。孔克珠生长于海螺体内，到目前为止无法人工养殖。孔克珠常见的颜色是粉红色至红色，看上去和常见的珍珠不一样，却和珊瑚有些相似，仔细看孔克珠表面有着奇特的火焰状纹理。另外还

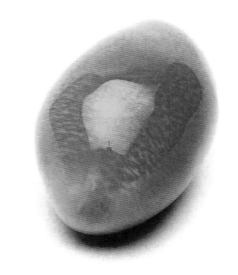

孔克珠

有一种海螺珍珠产自于美乐海螺（Melo Volutes），称为美乐珠，这种海螺生活在缅甸、印度尼西亚、泰国、越南等南亚国家沿海，常为黄色、橙色，以类似熟木瓜的强橙色调最为珍贵。海螺珍珠没有珍珠质，外观有瓷感，另外火焰状纹理是海螺珍珠所独有的特征。

二、珍珠的主要产地

1. 天然珍珠的产地

人工养殖珍珠技术推广以前，天然珍珠占据统治地位。然而它的产量极为有限，18 世纪资源基本枯竭。

天然海水珍珠产地主要有波斯湾地区（指伊朗—西沙特阿拉伯以东波斯湾海区）、位于印度洋上的斯里兰卡和南洋地区。波斯湾与斯里兰卡产的珍珠，品质优良，一般为白色或乳白色，具有极强的珍珠光泽，颗粒较大。通常人们将这两个地区出产的珍珠称为东方珍珠。南洋地区包括印度尼西亚、缅甸、中国、菲律宾和澳大利亚，南洋地区出产的珍珠，颜色为白色，珠形圆，颗粒大，珠层较厚，珍珠光泽较强，又称"银光珠"，属世界名贵品种。

天然淡水珍珠的主要产地有苏格兰、威尔士、爱尔兰、法国、德国、美国的密西西比河、伊朗、俄罗斯北部河流。中国的黑龙江，淮河长江中下游的清江、汉江一带及太湖地区，也出产天然淡水珍珠。尤其值得一提的是清朝视为珍宝的"东珠"，这个"东珠"不是产自波斯湾或者马纳斯湾的天然海水珍珠，而是产于中国黑龙江、乌苏里江、鸭绿江及其流域的天然淡水珍珠，是中国古代历代王朝必需的进献贡品。清朝统治者把"东珠"视为珍宝，用以镶嵌在象征权力和尊荣的冠服饰物上。

巨凤海螺

孔克珠项链

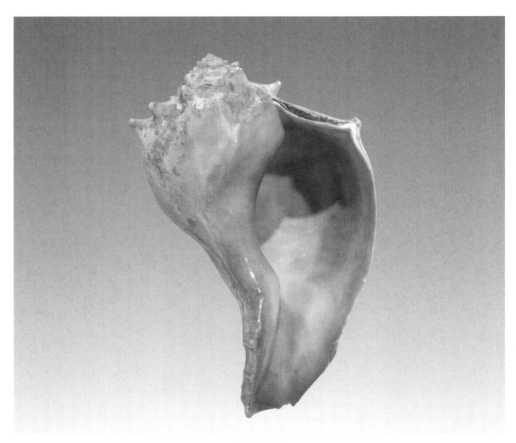

美乐海螺

美乐珠

美乐珠项链

清代东珠朝珠

2. 养殖珍珠的著名产地

（1）日本

日本的养殖珍珠以海水养殖为主，大部分品质较好。日本养殖珍珠粒径不大，在 10mm 以下，多数为 7~9mm，虽然个头不大，但颗粒圆润，珍珠光泽很强，多为粉红色和银白色，这就是人们熟知的日本 AKOYA 珍珠。AKOYA 珍珠的母贝为马氏贝，日本在马氏贝的养殖过程中，精心呵护，注重养殖质量，后期优化水平高，其整体质量高，售价很高，倍受人们喜爱。

日本的淡水养殖珍珠主要产于日本的琵琶湖，因此也被称为琵琶珠，近年来由于琵琶湖水质受到污染，加上中国淡水养殖珍珠的冲击，琵琶湖的养殖珍珠已经停产，现在市面上的琵琶珠多为中国淡水养殖珍珠。日本从中国进口淡水养殖珍珠，通过他们的优化改善技术提高这些珍珠的质量，再高价卖出。

日本 AKOYA 珍珠（御木本提供）

（2）澳大利亚

澳大利亚的珍珠业始于 1860 年，该地区海域曾经是天然海水珍珠的重要产地，后因过度捕捞而资源枯竭。1956 年，日本的先进养殖技术给澳大利亚珍珠业带来生机，经过几十年的不断努力，澳大利亚在珍珠养殖方面取得了巨大的成就。那里天然环境优越，非常适合母贝生活，加上澳大利亚政府和相关组织的严格管理，保证了珍珠的质量，使其在世界上获得良好的声誉。澳大利亚出产的珍珠以圆润、纯净、硕大、与生俱来的自然美和令人炫目的银白色光泽而著称。目前澳大利亚每年产出的优质海水珍珠占世界总量的 60%。

澳大利亚养殖珍珠的母贝为白蝶贝，也称大珠母贝，这种母贝身形巨大，一般体长为 25~28cm，体重为 3~4kg，大者可达 32cm 以上，体重 5kg，比普通同族马氏珠母贝大 25~30 倍，所以它是珍珠贝类中最大的一种，也是世界上最大最优质的珍珠贝。这种巨大的母贝可以养育粒度较大的珍珠，珍珠层也很厚，澳大利亚珍珠的珠层厚度可达 2mm，直径大于 10mm，最大的可达 25mm。

除了白珠外，澳大利亚还产金色珍珠，颜色从淡黄色到金黄色都有，母贝为白蝶贝或者金唇贝，和白色珍珠伴生。

澳大利亚白色海水养殖珍珠戒指
（Hodel switzerland 提供）

澳大利亚金色海水养殖珍珠戒指
（Hodel switzerland 提供）

（3）大溪地

大溪地也称塔希提，是南太平洋中部法属波利尼西亚群岛中最大的岛屿。在这四季如春、物产丰富的环礁湖里生长着一种能分泌灰色和黑色珍珠质的软体动物——黑蝶贝，黑蝶贝是法属波利尼西亚水域的特产，其不同程度的灰、灰黑色中，带有不同的幻彩颜色，因而令其所产珍珠与众不同。其养育的珍珠体色主要是灰色、蓝色、绿色、褐色和黑色，多带有伴色和晕彩，常见的伴色是绿色、紫色和粉红色。光泽强烈，常带有金属光泽。大溪地黑珍珠在珍珠的大家庭中显得神秘稀有，与众不同。大溪地珍珠的直径通常小

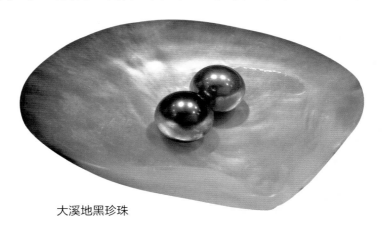

大溪地黑珍珠

于 11mm，少数可达 16~18mm。为了维护大溪地黑珍珠的质量，波利尼西亚政府对黑珍珠的珠层厚度进行了规定，规定珠层不得小于 0.8mm，珠层小于 0.8mm 的珍珠将被禁止出售并被销毁。

大溪地黑珍珠戒指（Hodel switzerland 提供）

（4）印度尼西亚、菲律宾、缅甸

马氏珠母贝珍珠养殖成功后，很多日本人为了追求自己的事业，远离家乡去印度尼西亚、菲律宾和缅甸寻找适合的海域从事珍珠养殖业，并把养殖技术带到了那里。目前印度尼西亚、菲律宾和缅甸主要养殖白色和金色的珍珠，其中印度尼西亚的养殖规模最大。黄色珍珠早年不被人们接受，随着时间的推移越来越受关注，尤其是颗粒大、皮光好、颜色浓郁的金色珍珠，但金色珍珠产量很低，目前市场需求量较大。

这三个国家和澳大利亚一样，养殖珍珠的母贝均为白蝶贝和金唇贝，由于母贝个体巨大，因此养出的珍珠也非常大，可以养殖 9~16mm 的白色珍珠和金色珍珠。

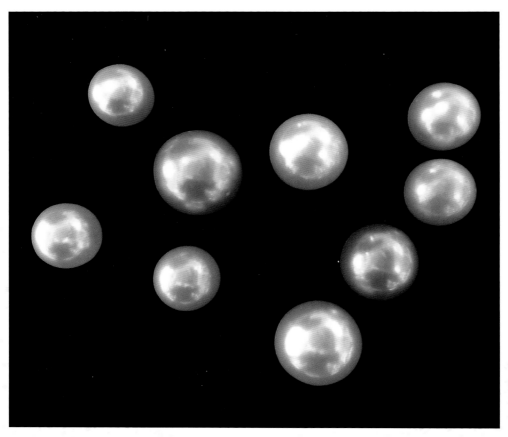

金色海水养殖珍珠（炊真阁提供）

（5）中国

中国海水珍珠养殖基地集中在北部湾沿海的广东湛江、广西北海及海南三亚等地的开阔海域。这三地海域环境较为稳定，深度平稳，冬无严寒，夏无酷暑。其中广西合浦的海水珍珠历史最为悠久，采珠历史有 1700 多年。合浦珍珠光润晶莹，大而圆，史上称为"南珠"，驰名中外。现在主要养殖母贝为马氏贝和大珠母贝。

中国淡水珍珠的养殖场主要集中在长江中下游湖泊、水系发达的省区。中国淡水珍珠的产量巨大，在世界珍珠市场上占据重要地位，曾经产量占到世界珍珠总产量的 95%，但销售额只占到世界总销售额的 8%，主要原因是我国淡水珍珠整体质量较差，优质、高档圆珠数量少。淡水有核珍珠的养殖主要集中在广东省澄海市及江西省，中国淡水珍珠业的突破主要来自有核淡水珍珠的发展和整体养殖质量的提升。

中国淡水珍珠的母贝主要为三角帆蚌，所产珍珠颜色和形状千变万化，多姿多彩。

彩色淡水养殖珍珠项链（阮氏提供）

白色淡水养殖珍珠项链（阮氏提供）

第五章

辨识珍珠的真伪

—————— 欧阳朝霞讲珍珠 ——————

· 辨识珍珠的真伪 ·

一、天然珍珠与养殖珍珠的鉴别

由于过分捕捞和受海水质量的影响，天然珍珠的数量越来越少，大部分大颗粒的天然珍珠都是传世品，目前市场上的珍珠主要都是人工养殖产出的。天然珍珠量少质高，养殖珍珠虽质量优异，但与天然品相比，市场价格相差甚远。因此，准确辨别非常重要。首先，肉眼观察，天然珍珠质地细腻，结构均一，珍珠层厚，多为凝重的半透明体，光泽强。养殖珍珠的珍珠层薄，透明度好，光泽不及天然珍珠好。天然珍珠形状多不规则，直径较小；养殖珍珠多呈圆形，粒径较大，表面常有凹坑，质地松散。其次，强光源照射观察，强光手电筒照射下，慢慢转动珍珠，天然珍珠呈现出的是一个结构均匀的微透明球体，没有像人工养殖的有核珍珠那样，有明暗相间条纹状的内核。

二、海水养殖珍珠与淡水养殖珍珠的鉴别

海水养殖珍珠主要是有核珍珠，淡水珍珠主要是无核珍珠，两者的区分较为容易，可以通过三个方面进行区分。

1. 颜色

海水养殖珍珠常见白色、灰色、黑色、淡粉色、黄色、金色等；淡水养殖珍珠颜色更丰富，可见紫色、红色等。

各种颜色的淡水珍珠（炫真阁提供）

各种颜色的海水珍珠（炆真阁提供）

2.形态和表面特征

海水养殖珍珠有核，通常圆度好，颗粒大，且光泽莹润，表面光洁度较好。淡水养殖珍珠的圆度不及海水养殖珍珠，多为椭圆形，或不规则形，而且表面光洁度也不够好，常见腰线、沟纹和隆起等。但质量好的淡水养殖珍珠也有圆形或近圆形的。

3.钻孔处的观察

海水养殖珍珠钻孔处可见珠核，珠核和珍珠层的分界线明显。淡水养殖珍珠因为没有珠核全是珍珠质，所以钻孔处无明显的分界线，如遇淡水有核珍珠就不能采用这种方法区分了。

三、珍珠与仿制品的鉴别

珍珠是软体动物（贝类、蚌类）体内新陈代谢的产物，与生命体的生命活动有关。仿制品则是人工方法制造的珍珠仿品，他们可能也很美丽，但不具备珍珠特有的表面结构，数量巨大，价值低廉。对于仿品我们一定要认识清楚，绝不可"鱼目混珠"。

17世纪法国出现了用青鱼鳞提取的"珍珠精液"（鸟嘌呤石溶于硝酸纤

维溶液中形成）涂在玻璃球上制成的珍珠仿制品，随着技术的不断进步，"珍珠精液"的配方不断改良，仿制品日趋逼真。当前市场上主要的仿制品有塑料仿珍珠、玻璃仿珍珠、贝壳仿珍珠。

1. 塑料仿珍珠

在乳白色塑料球上涂一层"珍珠精液"，猛地一看和珍珠很像，但仔细一看色泽单调呆板，大小均一，如同一个模子里做出来的。鉴别特点是手感轻，有温感。钻孔处有凹陷，用针挑拨，镀层成片脱落，可见内部的塑料核。放大检查表面是均匀分布的粒状结构，与珍珠有较大区别。

2. 玻璃仿珍珠

分为空心充蜡玻璃球仿珍珠和实心玻璃球仿珍珠。二者共同的鉴定特征是：都有玻璃的温感，用针划过表面成片脱落，露出珠核呈玻璃光泽，放大检查可以看到玻璃特有的旋涡纹和气泡，在钻孔处可见贝壳状断口，没有珍珠的层状生长结构。二者不同点是：空心充蜡玻璃球仿珍

玻璃球仿珍珠

玻璃球仿珍珠

珠较轻，用针刺打孔处有软感；实心玻璃球仿珍珠明显较重。

马约里卡珠 (Majorca)，是国际市场上出现的一种和海水养殖珍珠极为相似的仿珍珠，无论是光泽和手感都很接近。是西班牙人发明的仿珍珠，工序精细，几乎可以假乱真。因为与海水珍珠很相似，这种仿珠常被镶嵌于现代款式的 K 金首饰上。与海水养殖珍珠的主要区别是：马约里卡珠光泽很强，有明显晕彩，手摸有温感和滑感，用针在钻孔处挑拨，有成片脱落的现象。马约里卡珠的折射率较低，为 1.48，放大检查缺乏珍珠特有的层状生长构造。

3. 贝壳仿珍珠

是用贝类的壳磨制成小球，然后涂上"珍珠精液"，仿真效果好，在密度和外观上与珍珠非常相似，但放大检查没有层状生长构造，表面凹凸不平；在强光照射下，可见贝壳明显的平行条带结构。

第六章

珍珠的优化与处理

—— 欧阳朝霞讲珍珠 ——

· 珍珠的优化与处理 ·

由于产地不同，以及水质、光线和育珠时间等因素的影响，导致珍珠存在光泽、颜色上的差异，以及暗淡、色差、黑斑、瑕疵等缺陷。因此，通常养殖珍珠先要进行优化处理，使其能达到商品要求。国内外对于珍珠表面的优化处理方法主要是去污漂白。日本、中国及东南亚国家对这种技术的研究较多，其中日本技术领先，已采用第三代、第四代漂白技术。

一、优化

所谓的优化是指在业内普遍使用，并被广泛接受的改善珍珠品质的方法。在国家标准中规定，经过此类方法处理的珍珠在鉴定和销售过程中可以不特别加以说明。

常见的珍珠优化方法主要有漂白、增白、抛光，偶尔还会应用到剥皮技术。在生长过程中，90% 以上的珍珠都带有不同程度的色斑，或黄或黑，影响珍珠的美丽从而影响价值，因此漂白去掉杂色是珍珠优化的关键。珍珠漂白既要去除珍珠表面的杂色，又要尽可能少破坏珍珠的表面结构影响其光泽，绝大多数珍珠都经过漂白处理。对于漂白后仍有杂色的珍珠还要通过荧光增白的方法进一步增白，使用荧光增白剂增白的珍珠要在太阳下才有比较柔和悦目的荧光光泽。由于所使用增白剂化学结构易被紫外线破坏，所以含有荧光增白剂的珍珠，不宜长期在阳光下暴晒。与其他宝石抛光的含义不同，珍珠的抛光实际上是填补抛光蜡到珍珠表面微孔，起到提高表面光泽的作用，也有一定的磨平的作用。抛光工艺中如何增强珍珠层的反射和漫反射光，是抛光技术的难题之一。由于珍珠是由珍珠层层层包裹而成，这种构造使得剥皮成为可能。剥皮是用一种极精细的工具小心地剥掉珍珠表面不美观的表层，以在其下找到一个更好的层作表面。此项技术难度大，一般由专门的技术人员来完成。如果此技术应用得好，可使一个近于褪色、失去光泽的天然珍珠重现美丽色泽，但若应用不当则可能毁掉整个珍珠。

二、处理

所谓处理方法是指那些非传统的，尚不被人们接受的优化处理方式，这些处理方式不仅会改变珍珠本身的外观，有些还会明显地改变珍珠的某些性质，价值要远低于具有相同品相的天然珍珠，所以国家标准中规定，在鉴定和销售的过程中，凡是经过这些方法处理的珍珠必须明确标识，让消费者明白购买。没有告知消费者，将经过处理的珍珠当做未经处理的珍珠来销售，是不正当的销售行为。常见的处理方法有染色、辐照处理、表面裂隙填充处理。

1. 染色处理

珍珠内部的层状多孔结构为珍珠的染色提供了条件。只需将珍珠脱水后浸入染剂即可。这种处理可以使珍珠呈现更美丽的颜色。珍珠的染色可分为化学着色、中心染色和珠核染色三种方法。化学着色是将珍珠浸于某些特殊的化学溶液中。此法可将珍珠染成桃红、黄色，当然最常见的是染成黑色。中心染色法是将染料注入事先打好的孔洞中，使珍珠显色。珠核染色是在手术时将染了色的珠核及外套膜小片一起植入，这样获得的有核珍珠因为核的颜色透过薄的珍珠层而呈现出颜色。这种珍珠色彩丰富而艳丽，而且染色的核被后来生长的珍珠层所封闭，珍珠层本身并不染色，所以不易褪色。

由于黑珍珠越来越受欢迎，价格也较高，所以最常见的染色处理是把珍珠染成黑色。由于目前金色和巧克力色珍珠越来越受欢迎，所以现在市场上也出现了越来越多的经过染色处理的金色和巧克力色的珍珠。上述三种颜色的珍珠只有海水珍珠有天然的，所以如果淡水珍珠呈现以上三种颜色，那它们必然是经过染色处理的。不过这些方法染色的珍珠有可能褪色，所以多数情况下这种方法只用于处理低档次的淡水珠。

染色珍珠有以下一些特点，可以将其区分出来。颜色均一无变化，不自然；放大检查在钻孔处、沟纹等处可发现颜色富集，在珍珠层和珠核之间有一条染色线。因为染料的渗入使珠核的平行层状结构更为明显，所以带染色核的珍珠在强光下，可以看到明显的平行层状结构。带染色核珍珠其表面的瑕疵和沟纹没有颜色富集的现象；在反射光下，钻孔处可以看到颜色很深的珠核和无色的珍珠层；用棉签蘸上浓度为2%的稀硝酸擦拭珍珠，若棉签染上黑色，此珍珠可能是硝酸银染成的黑色；蘸有丙酮的棉签也可以使染成红、蓝、黄

染色黑珍珠

色的珍珠褪色，但此方法为破坏性测试方法，谨慎使用。染成黑色的珍珠其粉末的颜色为黑色，而天然或养殖的黑珍珠的粉末颜色为白色。此方法为破坏性测试方法，谨慎使用。天然或养殖的黑珍珠在长波紫外荧光灯下，有暗红色荧光，染成黑色的珍珠无此特征。

2. 辐照处理

除染色外，对于珍珠颜色的处理方法还有辐照法。辐照处理的珍珠与染色珍珠相比，颜色更稳定。

颜色黯淡不易漂白的珍珠，常用 γ 射线或高能电子进行辐照，可获得绿色、蓝色、紫色、黑色等颜色，改色效果稳定。用 γ 射线及电子加速器辐照改色成本较低，无残余放射性的危害。大多数淡水珍珠可处理成与天然黑珍珠相似的颜色，而海水珍珠经过辐照后只有由淡水贝壳磨制的核变黑了，但核的黑色，透过表面珍珠层而使珍珠整体呈银灰色。所以这种方法主要用于处理淡水珍珠。

辐照处理过的珍珠鉴别如下：

（1）辐照淡水珍珠的颜色一般很深，主要为墨绿色、古铜色和暗紫色。

颜色色调深，晕彩较强，色彩浓艳并常伴有较强的金属光泽。有时可以透过透明的珍珠层观察到龟裂的核或内珍珠层。辐照改色珍珠的表面颜色分布均匀，也常显示干涉晕圈现象。辐照的海水有核珍珠的珠核颜色很深，而生长在核外的珍珠层颜色几乎为白色。在检测钻了孔的珍珠时，从其孔眼窥视，若发现核的颜色明显较深，则可能为辐照改色的。

（2）天然或养殖的黑珍珠在长波紫外线下显示暗红色荧光。辐照改色的珍珠常常为中到弱的黄绿、蓝白色荧光或呈惰性。

（3）因为辐照对淡水珍珠改色效果很好，能产生黑色或很深的颜色，对海水珍珠只能使其内部淡水贝壳磨制的珠核变成黑色或很深的颜色，而对生长在核外的珍珠层几乎不起作用，所以辐照有核的海水珍珠只能显示很浅的灰色。而天然呈色的淡水珍珠没有黑色及孔雀绿等颜色品种，所以，只要能够鉴别黑珍珠是淡水珍珠，其颜色就有可能是改色的。

（4）天然颜色成因的黑珍珠多产于大珠母贝，所值珠核大，因而所育的珍珠也较大，粒径一般很少小于 9mm，所以小于 8mm 为圆形黑珍珠，多半是辐照产品。

3. 表面裂隙填充处理

有些珍珠表面有一些细小裂隙，这些裂隙的存在影响了珍珠的表面光泽。表面裂隙填充主要用于处理这些表面有细小裂隙的珍珠，可以提高珍珠的表面光泽和改善其表面光洁度。方法是将珍珠浸入到油中微微加热，但温度不能高过 150℃，否则可能会导致珍珠变色。由于油的折射率高于空气，所以当油浸入到珍珠的裂隙中后会使裂隙变得不易被发现，同时还可以在一定程度上改善珍珠的光泽。仔细放大检查珍珠的表面可发现填充的痕迹，有时还可见到裂隙处反射出虹彩现象。

第七章

珍珠的评价与保养

欧阳朝霞讲珍珠

———· 珍珠的评价与保养 ·———

一、珍珠的评价

很多喜欢佩戴和收藏珍珠的人，往往在入手时感到困惑，到底什么样的珍珠是好的，怎样判断一颗珍珠的质量优劣。珍珠的质量评价是一项系统工程，涉及方方面面；珍珠的质量评价又是一件简单的事情，因为美丽的珍珠就是好珍珠。2008 年以前，珍珠的质量评价没有可以依据的标准，2008 年出台的 GB/T 18781-2008《珍珠分级》国家标准，为珍珠的质量评价提供了依据。珍珠的质量评价主要从颜色、大小、形状、光泽、光洁度、珠层厚度(有核珍珠)6 个方面进行，多粒珍珠还要考虑匹配性。

在评价珍珠之前，要先做一件重要的事情，那就是判断珍珠的类别(海水、淡水），天然还是养殖，是不是经过处理，是不是仿制品等，这是先决条件。海水珍珠通常比淡水珍珠多一个珠层厚度的评价项目；如果是天然珍珠，评价时的要求和尺度会有不同；如果是处理品或者仿制品，评价就基本没有什么意义了。

1. 珍珠的颜色

珍珠的颜色非常丰富，珍珠的颜色是其体色、伴色和晕彩的综合表现。但不是每颗珍珠都会有伴色、晕彩。在颜色描述时以体色描述为主，伴色和晕彩描述为辅。

在欣赏珍珠的美丽颜色时，首先要确保珍珠的颜色是天然形成的，可以经过漂白等优化手段，但不能是经过染色或辐照处理的，否则是没有意义的。

另外准确观察珍珠颜色，对观察的环境有要求。一般要求在白色或灰色背景下，避免有色彩鲜艳物体的干扰，采用北向日光或色温为 5500~7200K 日光灯，观察时滚动珍珠，360 度仔细观察，先找出体色，再寻找伴色和晕彩。

通常把珍珠的体色分为白色系列、黄色系列、红色系列、黑色系列和其他颜色系列。

（1）白色系列珍珠是最常见的珍珠，数量最多。包括各种基调的白色，有纯白色、奶白色、银白色、瓷白色等。白色的纯度越高、越白就越好，价值越高。白色珍珠可具有粉红色、玫瑰色或其他颜色的伴色。

白色珍珠（炊真阁提供）

（2）黄色系列珍珠包括浅黄色、米黄色、橙黄色和金黄色等以黄色为基调的珍珠。早期人们并不喜欢黄色系列的珍珠，在中国还有"人老珠黄"的说法，但黄色系列珍珠中灿烂的金色珍珠以其饱和的色彩和光泽，最受人们喜爱。金色珍珠产量少，市场价值最高。

（3）红色系列珍珠包括粉红色、浅玫瑰色、淡紫红色等以红色为基调颜色的珍珠。稀少，价格较贵。

（4）黑色系列珍珠包括黑色、蓝黑色、灰色、灰黑色、棕黑色等以灰黑色为基调的珍珠，主要产于大溪地。通常来说颜色越黑越好，价值越高。黑色系列珍珠通常会有美丽的伴色,最受欢迎的是孔雀绿、孔雀蓝和紫色的伴色,

金色珍珠（炊真阁提供）

并且常有较明显的晕彩。

（5）其他颜色系列，除上述颜色系列以外的颜色都在这个系列，包括褐色、青色、蓝色、棕色、绿色等。

不同的民族对珍珠颜色的喜爱程度不同，对颜色的喜恶是个性化的选择，所以在评价珍珠的颜色时要把这些因素考虑进去，尤其是对彩色珍珠的评价。但有个原则是通用的，那就是：不论是什么颜色的珍珠，颜色纯正、鲜艳、均匀就是好的。

各种色调的黑色珍珠（炊真阁提供）

2.珍珠的光泽

珍珠的光泽柔和、独特，珍珠的美很大部分归功于珍珠的光泽。人们常用"珠光宝气"来形容珍珠，说明光泽是珍珠的灵魂。珍珠光泽是指珍珠表面反射光的强度及映照出来影像的清晰程度。珍珠光泽的产生是一种光学现象，当光线照射时，在珍珠层的表面出现的反射、折射和漫反射现象，以及在珍珠质层间产生光的衍射和干涉作用，这些物理现象共同反映在珍珠表层形成十分柔和的色泽和晕彩。珍珠的光泽是非常独特的，所以将这种柔和独特的光泽直接命名为"珍珠光泽"。珍珠光泽高雅、朦胧、含蓄且柔和，是挑选珍珠的重要条件。

珍珠光泽又称"皮光"，其强弱主要决定于珍珠层厚度、物象组成及有序度，此外还受形成珍珠的水体环境、珍珠贝的健康状况的影响。通常来说珠层越厚、文石排列有序度越高，珍珠的光泽就越强；相反，珍珠光泽就差。

珍珠光泽一般划分为四个等级，分别为极强、强、中、弱。海水养殖珍珠的极强是指反射光特别明亮、锐利、均匀，表面像镜子，映像十分清晰；强是指反射光明亮、锐利、均匀，映像清晰；中是指反射光明亮，表面能见物体映像；弱是指反射光较弱，表面能照出物体，但影像较模糊。通常海水养殖珍珠的光泽要强于淡水养殖珍珠，所以对光泽进行评价时，对海水养殖珍珠和淡水养殖珍珠的评价标准略有不同，对海水养殖珍珠的要求更高些。光泽差的珍珠看上去黯淡无光，伴色和晕彩也不明显。

EXCELLENT LUSTER
光泽度完美
VERY GOOD LUSTER
光泽度很好
GOOD LUSTER
光泽度好
AVERAGE LUSTER
光泽度一般
WEAK LUSTER
光泽度低

珍珠光泽对比图（丽雅珠行提供）

3. 珍珠的大小

珍珠的大小是珍珠评价的重要方面，中国历史上有"七分珠八分宝"的说法，说明珍珠越大越珍贵，"八分"是重要的分水岭。但人们一直有个认识误区，认为"七分、八分"是指珍珠的直径"7mm、8mm"，其实这不是一个直径概念，而是一个重量的描述，意思是珍珠达到8分重就可称之为宝物，八分重按大小来计算是大约9mm的圆珠，这是指天然珍珠。在养殖珍珠业非常发达的现代，9mm的珍珠并不稀罕了，养殖珍珠最大直径可达20mm以上，但植入珠核越大，母贝吐珠及死亡率就越高，所以大珠来之不易，非常珍贵。

珍珠的大小通常是指珍珠的尺寸，圆形和近圆形的珍珠用最小直径来表示，其他形状的珍珠用最大直径乘以最小直径来表示。珍珠的大小与母贝的大小也有关系，大珠母贝产珍珠就大些，其他品质相同情况下，珍珠越大价值越高。

另外还有一个重量单位是珍珠格令，1 珍珠格令等于 0.25 克拉，是一个非常小的重量单位。

16mm   14mm   12mm   10mm   8mm

珍珠的大小（丽雅珠行提供）

4. 珍珠的形状

珍珠的形状基本以球形为主，越圆越好。有个成语"珠圆玉润"很形象地表达了这种态度。所谓"走盘珠"也是说珍珠的圆度非常好，在光滑平面上滚动不走偏，接近精圆珠。通常海水养殖珍珠的圆度更好些，因为植入的是个小球，而淡水养殖珍珠的圆度要差些，因为植入的是外套膜小片。因此在评价形状时海水养殖珍珠的标准更严格一些。

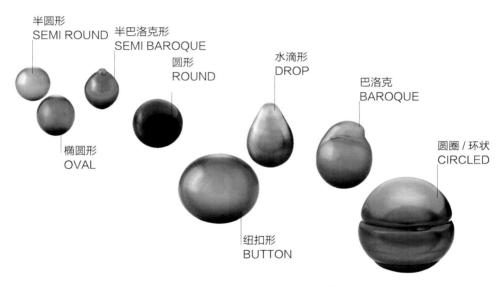

半圆形
SEMI ROUND

半巴洛克形
SEMI BAROQUE

圆形
ROUND

水滴形
DROP

巴洛克
BAROQUE

圆圈 / 环状
CIRCLED

椭圆形
OVAL

纽扣形
BUTTON

珍珠的形状（丽雅珠行提供）

除了圆形、椭圆形和滴形外，还有一些呈不规则状的异形珍珠，国外称巴洛克珍珠，价格往往较便宜，但这种珍珠不拘于传统，给人们带来无限创意，这些造型的珍珠如果加以巧妙的设计和运用，往往会达到意想不到的美学效果和极高的艺术品位。

通常珍珠按照形状可分为正圆形、圆形、近圆形、椭圆形、扁圆形和异形，其他条件相同的情况下，正圆形（或精圆形）的珍珠价值最高，最为难得，真所谓"一分圆一分钱"。

异形珍珠

异形珍珠项坠

5. 珍珠的光洁度

珍珠的光洁度是指珍珠表面的干净程度，瑕疵的大小、颜色、位置以及多少会影响珍珠的光洁度，瑕疵越少，越不明显，珍珠的光洁度越高。

珍珠表面常见的瑕疵有：腰线、隆起、凹陷、沟纹、破损、缺口、斑点、划痕、剥落痕等。其中珍珠层的破损和剥落痕对珍珠的质量影响最大。当瑕疵出现在比较隐蔽的地方，对珍珠的质量影响较小。珍珠的光洁度越高，价值越高。但珍珠在生物体内形成，受到各方面因素的影响，无瑕的珍珠可遇不可求，同时珍珠表面的瑕疵也是判断珍珠形成的有力证据，通常仿珍珠都表面无瑕。

金色珍珠表面的瑕疵

| NO IMPERFECTION
没有任何瑕疵 | INFIMES
IMPERFECTIONS
有很微小的瑕疵 | MINIMAL
IMPERFECTIONS
有微小的瑕疵 | IMPERFECTIONS
有一些瑕疵 | IMPORTANT
IMPERFECTIONS
有很多瑕疵 |

珍珠的光洁度（丽雅珠行提供）

淡水珍珠表面的瑕疵

6. 珍珠层的厚度

是指堆积在珠核表面珍珠质的厚度，这个概念针对有核养殖珍珠。珍珠层的厚度和养殖时间长短及生长速度有关。通常来说珍珠层越厚，珍珠的光泽越强，珍珠的价值越高。但是，通常母贝养的时间越长，珍珠层越厚，但表面出现瑕疵的概率也就越高，瑕疵的出现会影响珍珠的价值。

一般通过对珍珠光泽的观察来判断珍珠层的厚度。通常认为可以接受的宝石级珍珠的最低厚度是 0.3mm，而珍珠光泽明亮而圆润的珍珠，珠层的厚度会在 0.5mm 以上。澳大利亚政府和相关部门为了确保珍珠的质量规定，澳大利亚所产的珍珠珠层厚度不得小于 0.8mm。珠层最厚可达 2mm。

二、珍珠的养护

珍珠的成分是含有机质的碳酸钙，这两种物质的化学稳定性都很差，可溶于酸、碱中。娇嫩如女人的肌肤一样，因此佩戴时有很多注意事项，只有认真对待、悉心呵护，才能保持珍珠的柔美、高雅。通常来说珠宝的佩戴有两个"最"，首先，出门前的最后一件事是佩戴珠宝，进门后最先做的事情是将珠宝摘下来。这对所有珠宝都适用，对于珍珠首饰尤其应该这样做。出门前最后一件事是戴珍珠首饰，这样珍珠就可以避免接触化妆时使用的化妆品；进门就把珍珠首饰摘下来，可以避免进厨房接触到的油烟、醋等，对珍珠是种很好的保护。此外保护珍珠还要注意以下几个方面：

（1）为使珍珠的光泽及颜色不受影响，应避免让珍珠接触酸、碱及化学品，如香蕉水等。还要避免接触化妆品，比如：香水、指甲油、发胶等。

（2）不要佩戴珍珠首饰游泳、洗澡或健身，也不要用超声波清洗机来清洗珍珠，珍珠尽量不沾水，如果沾水要马上晾干，否则水珠进入珍珠层可能引起发酵毁坏珍珠。

（3）夏天天热出汗多，汗液对珍珠有腐蚀作用，特别热时尽量避免佩戴珍珠首饰。如果珍珠首饰沾染了汗液，应及时用软布擦拭干净。另外佩戴珍珠首饰不宜在阳光下曝晒或处于高温环境或处于太干燥的地方，因为珍珠含有一定的水分，环境不好珍珠易脱水而失去光泽。

（4）每次佩戴珍珠后（尤其是在炎热的日子），需将珍珠抹干净后再放好，才能保持珍珠的光泽。最好用羊皮或细腻的绒布，勿用面巾纸，因为有

白色至金色珍珠渐变的珍珠项链（御木本提供）

些面巾纸的摩擦会将珍珠磨损。

（5）不要长期将珍珠放在保险箱内，也不要用胶袋密封。珍珠需要新鲜空气，每隔数月便要拿出来佩戴，让它们呼吸。长期存放珍珠易变黄。

（6）要单独存放，以免其他首饰刮伤珍珠层。如果是珠串应平放收好，保证丝线不长期受力而松弛变形。

（7）定期检查你的珍珠首饰。珍珠的镶嵌首饰通常采用珍珠打孔后黏在K金金针上，因此要经常检查黏接的牢固程度，以免丢失；珍珠珠串的丝线也要经常检查，看是否有磨损，如有磨损要及时更换，高档珍珠项链建议每粒珍珠之间要系一个保险结，一方面保护两颗珍珠之间不互相摩擦，另一方面即使珍珠项链断开珍珠也不至于散落一地。

（8）佩戴久了的白色珍珠会泛黄，使光泽变差，可用1%~1.5%双氧水漂白，要注意不可漂过了头，否则会失去光泽。个人往往缺乏经验，最好还是找专业的珍珠商进行处理比较安全。

白色珍珠套饰（Hodel switzerland 提供）

第八章

如何选择到称心如意的珍珠

欧阳朝霞讲珍珠

· 如何选择到称心如意的珍珠 ·

　　在购买珍珠饰品时，首先要明确购买目的。购买目的包括：价格范围是多少、想购买什么类型的珍珠、谁来佩戴。确定这个购买目标后，还要做相关功课，了解珍珠知识和行情，避免花冤枉钱。而且不同的人适合不同的珍珠，要充分考虑佩戴者各方面的情况，佩戴后才可以相得益彰。此外对于珍珠的真伪要有把握，如果自己没有判断能力，最好到正规商家选购并要求出具第三方权威机构的证书，并索取发票以备不时之需。

一、挑选珍珠的步骤

　　（1）在挑选珍珠时要向商家提几个问题。第一，珍珠是不是仿制品？第二，珍珠有没有经过处理？黑色的和彩色的珍珠要了解是否经过染色或

黑色珍珠项坠（Hodel switzerland 提供）

辐照？第三，是海水珍珠还是淡水珍珠？如果是仿制品价格非常便宜，颜色如经过染色或辐照，与天然形成的价值差异也非常大，海水珍珠与淡水珍珠的价钱也有较大的差异。如果判断不了，可以要求商家出示鉴定证书。当然证书也是有学问的，首先证书必须是第三方权威检测机构出具的，如果是商家自己出的则没有公正性；另外证书要包含实验室认证标志，说明实验室有资格出具证书，认证标志主要有：CMA 中国计量认证、CNAS 国家实验室认可等，而且证书应该加盖鉴定机构公章或钢印并贴有防伪标识，以及至少两名鉴定和审核人员。

（2）珍珠质量的评价因素包括珍珠的颜色、大小、形状、光泽和光洁度，若是多粒珍珠组成的饰品还要考虑匹配性。挑选珍珠时的光源条件和环境背景非常重要，对客观评价珍珠很关键。光源应该用冷白色的荧光灯或日光灯，不要使用明亮的点光源或太阳光，在这种光源下观察，珍珠的颜色和光泽会比实际看上去更好。若条件允许，可以在不同光源条件下评测珍珠颜色，例如靠近窗户处，在荧光灯、白炽灯、户外自然光下等。此外还可将珍珠饰品平铺于不反光的白色背景下判断其颜色。珍珠在不同颜色和材质的背景下，表现出不同的色彩感。最终，还要将珍珠放在手中，或者贴近脖颈处来判断颜色以及颜色与肤色的适合程度。另外颜色的均匀度也需要关注，所以要 360 度全方位地观察珍珠，观察颜色的同时还要检查光洁度，看看是否有瑕疵，瑕疵的类型以及瑕疵的位置。可以借助卡尺从不同方向测量珍珠的直径，测量值相差越小说明圆度越好，同时也了解了珍珠的尺寸。

金色珍珠戒指（丰沛提供）

（3）对于镶嵌好的珍珠首饰或穿好的珍珠项链还要检查珍珠的加工工艺。对于珍珠项链，要观察每一粒珍珠，看品质是否接近，颜色是否一致，大小是否接近，搭配是否合适。需要关注珍珠的打孔工艺是否精湛，有没有打歪，钻孔处是否平整没有崩口，丝线是否结实，等等。K金镶嵌珍珠首饰是否按规定有贵金属品种和含量印记，珍珠的镶嵌是否牢固，项链或手链的链扣是否安全、有弹性。

二、购买珍珠时的困惑

1. 非天然珍珠不买

很多中国的消费者在购买珠宝时是"天然控"，无论什么珠宝都要天然的，这一出发点本身是好的，因为天然珠宝美丽稀少更具有保值升值的潜力。但是对于珍珠，要买到天然的难度就比较大，世界珍珠养殖业的发展与天然珍珠的过度捕捞有直接关系，而且随着自然环境不断恶化，水域污染日益严重，天然珍珠的产出微乎其微，尤其质量好的更是少之又少，多数都很小且形状不规则，不能满足人们的需求。而养殖珍珠虽然有人为因素，但人的因素只是启动了珍珠形成的过程，所以在世界范围内，人们都认可养殖珍珠，GB/T16552-2010《珠宝玉石名称》国家标准中，也认可养殖珍珠可直接使用"珍珠"定名，可以不用写"养殖"。目前市面上的珍珠95%以上都是养殖珍珠。

2. 觉得珍珠很娇气，不好伺候，所以不买

珍珠是有机宝石，化学成分不稳定，需要好好呵护。相比其他无机宝石，珍珠在耐久方面的特质不突出，但这并没有妨碍她跻身于世界珠宝"五皇一后"，成为人们挚爱。

珍珠是由珠蚌孕育的，它的光泽与珠体都是有一定寿命的。珍珠是贝类动物的特殊胶体结合起来的碳酸钙晶体。珍珠含90%以上的碳酸钙和4%左右的水分。长期暴露在空气中的珍珠

白色珍珠耳环
（Hodel switzerland 提供）

容易跑掉水分，大约经过六七十年或多到一百年后就老化变黄了。由此可见，珍珠的寿命和人一样有一定的期限。如果保护得好，通常一颗珍珠约有一百年的机会展示它的光华。这一百年可以让人们充分欣赏、享受它的美，感受高雅、温和的气息，以此濡养佩戴者高贵、淡雅的气质，如果能做到这一点

珍珠的使命就完成了！难怪戴安娜说："女性假如只能拥有一件珠宝，必是珍珠。"极富包容性的珍珠高贵典雅，又不会过于华丽而太露锋芒，是与各种礼服、正装，甚至休闲装都很相配的百搭之选。而且珍珠的价格跨度很大，可以满足各个层面的需求。珍珠的美不容拒绝！

3. 海水珍珠和淡水珍珠的选择纠结

海水珍珠和淡水珍珠都是贝、蚌软体动物新陈代谢的产物，从成分上看，基本一致，只是微量元素不同，这和生长的水域不同有直接关系。二者的不同点是，海水珍珠是有核珍珠，母贝生活在海中通常个体比较大，所以可以养殖较大的珍珠，虽说珠层较薄但形状比较圆润，光泽较强；淡水珍珠多是无核珍珠，通常个体不大，圆度也不够好，但产量大，整颗珍珠都是珍珠质。

从美丽程度来讲，海水珍珠可能略胜一筹，但由于养殖成本高和产量低的因素决定了海水珍珠价格普遍高于淡水珍珠。淡水珍珠绝大多数产于中国，产量大，成本低，性价比高，可以满足各层面的需求。所以选择哪种珍珠，还是取决于购买者、佩戴者的审美取向和实际经济情况。

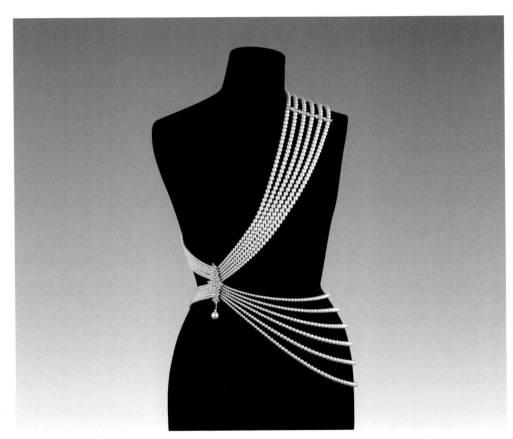

日本 AKOYA 珍珠首饰（御木本提供）

4. 买珍珠可不可以保值升值

珠宝除了有美丽、耐久、稀有的特点之外，通常还有保值升值的特点，这也是很多购买者所看重的。但作为有机宝石，珍珠保值升值功能总是被人质疑。珍珠的美丽不容置疑，但耐久性不好，有一定的生命期限，生命结束时一切都归为零。对于稀有性来说，天然珍珠非常稀少，尤其品质好的更是凤毛麟角；但对于养殖珍珠来说，数量虽然受环境天气影响，但总的来说可以人为控制。既然是可以人为控制又有一定生命期限，那么怎样做到保值升值呢？

不管大家怎么想，去买珍珠的时候总会发现每年的价格都会不一样，虽然它的涨幅不像翡翠、碧玺、南红玛瑙那么疯狂，但基本上以一定的涨幅在年年增长。价格增长原因主要有以下几点：①养殖成本日益增高，其中主要是人工成本不断增加。②产量低，尤其是天气、气候不好的年度，珍珠的收成不好，价格就会更贵。养殖珍珠很大程度上是靠天吃饭，风暴、赤潮、水温、母贝的健康等都制约着产珠数量。③品质好的珍珠数量很少，"珍珠控"们趋之若鹜，市场需求量大。当然，涨价的主要是高品质的珍珠，其中海水珍珠的涨幅比较大，淡水珍珠由于产量巨大，相对品质较低，涨幅较小。这几年国内淡水珍珠的品质不断提高。

　　所以所谓的保值升值是看从哪方面来考虑问题。如果纯粹把珍珠作为投资品，买来就放在保险柜里等着升值，完全不佩戴不欣赏，倒不如去买合适的投资理财产品来得痛快，因为如着急用

金色南洋珠耳饰（伊丽罗氏提供）

钱时珍珠变现不易，再说珍珠长期放在保险柜里也容易老化。如果非常喜欢珍珠，平时又有佩戴需求，主要从美的角度来考虑，买珍珠也是不错的选择，而且晚买不如早买，因为优质珍珠的涨幅总是高于通货膨胀率，越晚买付出的现金代价越高，还晚享受了珍珠带来的美感，从这个角度讲买珍珠是保值增值的，而且它带给你的精神愉悦是金钱所不能衡量的。当然

购买珍珠还要量力而行，毕竟它有一定生命周期，要在可以承受的范围之内，不要专门为保值增值去购买。

5. 如何看待老珍珠

很多玩收藏的人都喜欢收藏有历史的物件，言必称"老"。常常听人说"老翡翠""老碧玺"什么的，但很少有人会说到"老珍珠"。这是因为珍珠是有机宝石，不易长期保存，尤其是陪葬品，往往出土时已经成为一小堆废渣，早已是风光不再，即便是还保持最初的形状，也呈现石化的现象。所以出土的老珍珠往往不被收藏家们重视。还有一些传世的老珍珠，多数为皇亲国戚所拥有，清朝的"金瓯永固"杯就是其中重器，另外故宫珍宝馆中还珍藏了大量珍珠的饰物，作为历史的承载，向大家讲述一段辉煌。这一类的老珍珠是值得收藏的，因为收藏的不仅是珍珠，还有珍珠以外的工艺、历史。

民间有一些老珍珠，通常简单穿结，颗粒很小且形状多不圆，反映不出历史特点，比不上现在的珍珠美丽，这类老珍珠恐怕就谈不上什么收藏价值了，爱好者花很少的钱买来做样品是可以的。

南洋异形珍珠套饰（Hodel switzerland 提供）

6. 佩戴珍珠可以治病吗

珍珠药用在中国已经有 2000 多年历史。三国时的《名医别录》、唐代的《海药本草》、宋代的《开宝本草》、明代的《本草纲目》等 19 种医药古籍，都对珍珠的疗效有明确的记载。

《中华人民共和国药典》及《中药大辞典》均指明：珍珠具有安神定惊、明目去翳、解毒生肌等功效，现代研究表明珍珠在提高人体免疫力、延缓衰老、祛斑美白、补充钙质等方面都具有独特的作用。

珍珠的药用价值非常高，使用历史悠久，但都是制成药物后内服或外敷的效果。那佩戴珍珠能否治病？有些人认为珍珠含有各种对人体有利的微量元素，通过佩戴对人体有益。对于这种说法不敢苟同，但佩戴珍珠确实对身体有益处，对身体的益处主要是来源于精神方面：愉悦心情、传递正能量。珍珠是自然生命产生的瑰宝，它的美没有人可以抵抗，尤其是爱美的女人，选一件喜爱的珍珠首饰戴在手上、戴在胸前或别在衣服上，外表美美的，心里也美美的，内心的喜悦油然而生，脸上的微笑是灿烂的、明媚的，不知不觉中人与珍珠气质交相辉映，一样的雅致，一样的如水温柔。珍珠与人一起

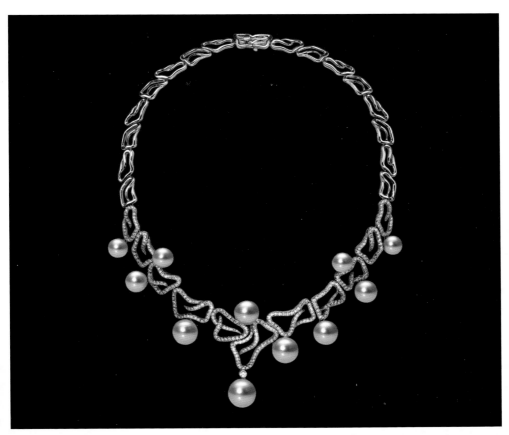

南洋珍珠项链（Hodel switzerland 提供）

散发着迷人的气息，围绕在正能量之中。俗话说："人逢喜事精神爽，雨后青山分外明。"人在心情愉悦的时候，不论做什么事，都会感到称心如意，精神百倍，所以说佩戴珍珠对人体健康的益处主要来源于心理方面。

三、认识珍珠加工的新技术

珍珠圆润光滑、散发着柔和的光辉，弥漫着迷人的气息。它天生丽质已经足够美了，从来没有人想过要去打磨它。然而一项新技术却颠覆了珍珠给人的传统美感。将珍珠 360 度全面切磨，切磨后每颗珍珠大约有 180~200 个刻面，呈现出层层珍珠质的光彩，比传统的珍珠更为闪耀，既有珍珠的柔美又有似宝石的闪耀。经过刻面加工的珍珠，散发出独特神秘的光泽，从正上方可以观察到如同花朵绽放般华丽的纹理与光泽。

珍珠层厚度通常比较薄，日本珍珠通常只有 0.3mm 厚度，要不破坏珠核只在珍珠层做加工是非常困难的，传统的刻面技术根本无法达到这样的工艺。将珍珠层直接作刻面加工，珍珠层所反射出来的闪亮光泽是涂上保护膜（漆）也无法呈现的。经过磨制刻面后，镜面研磨的表面反射出来的光线跟珍珠原来自身所散发的亮度相比有乘数效果，就算是在昏暗的宴会场合佩戴，也都能闪闪发亮。刻面加工后看起来像是有一层透明玻璃膜覆盖在珍珠的表面，这是它最神秘最美丽的特征。将半透明的珍珠层作刻面加工后，似乎可以窥视到珍珠的内部，并且在平坦的刻面上却可以看到向外膨胀的凸面立体感，这是其他宝石作同样的刻面加工也无法呈现的美感。当然只有品质优异的珍珠才可以切割出最璀璨的刻面珍珠，有瑕疵的珍珠刻面光泽会受到影响，所以这项技术并不是为了掩盖珍珠瑕疵，而是换了

切磨后的金色珍珠（华真珠提供图片）

一种角度来欣赏珍珠的美感，从某种程度来说挑战了珍珠的传统审美。

切磨后的大溪地珍珠（华真珠提供图片）